En el principio creó
Dios los cielos...

la atmósfera

The Bible Tells Me So Press

En el principio creó Dios los cielos...

la atmósfera

Un libro para niños producido por
The Bible Tells Me So Press

Traducido del inglés.
Título original: In the Beginning God Created the Heavens...The Atmosphere
(Spanish translation)

PUBLICADO POR
THE BIBLE TELLS ME SO CORPORATION
WWW.THEBIBLETELLSMESO.COM

Primera impresión, febrero 2026.

La atmósfera es una fina capa
de aire que Dios creó para cubrir,
proteger y abastecer la tierra
de muchas maneras maravillosas.

Desde el espacio,
la atmósfera parece una preciosa manta
brillante y azul que envuelve suavemente
toda la tierra.

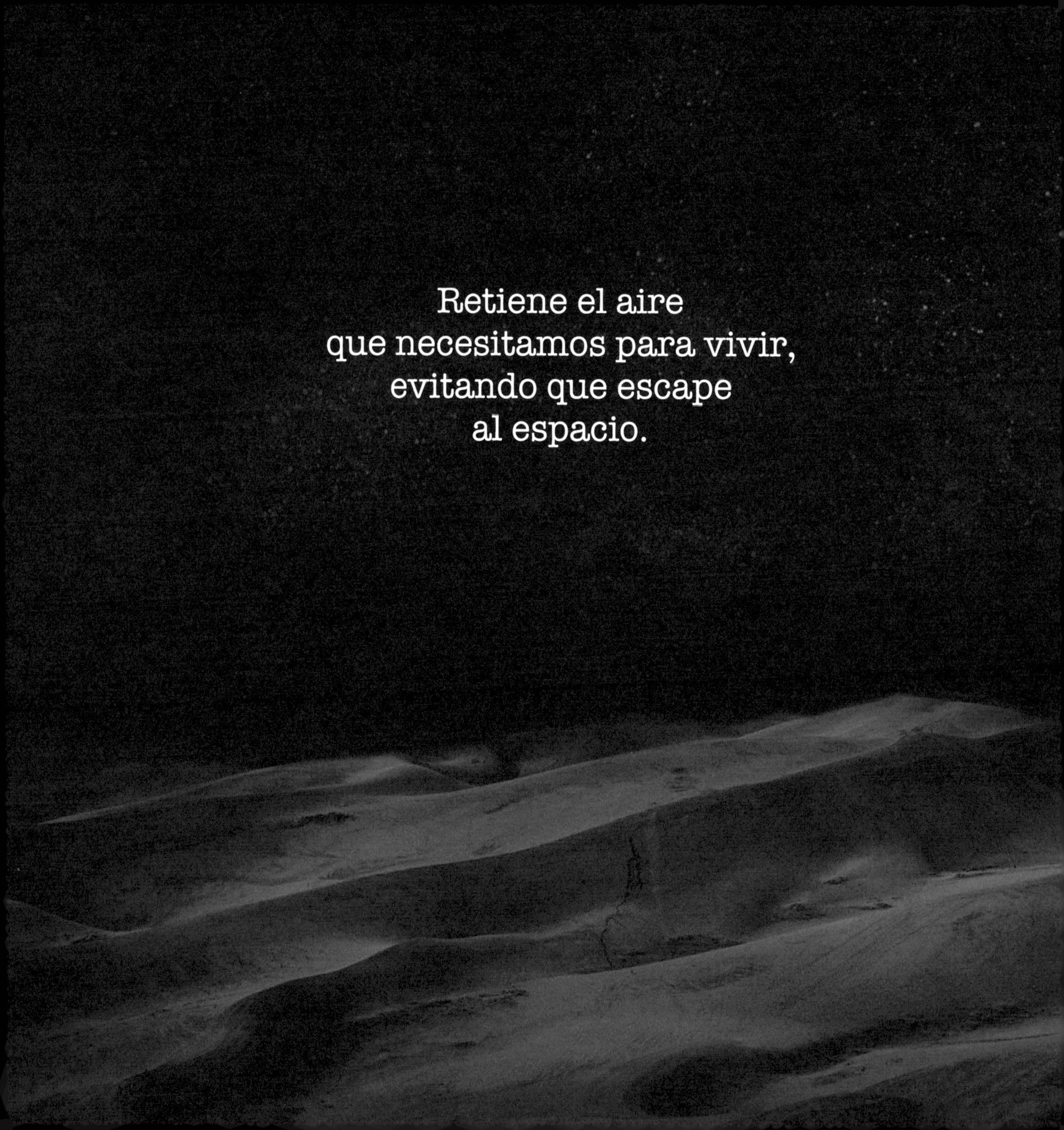

Retiene el aire
que necesitamos para vivir,
evitando que escape
al espacio.

Sin la atmósfera,
no podría existir vida en la tierra.

Es lo único que nos separa
de las condiciones frías y nocivas
del espacio exterior.

La atmósfera protege la tierra
de muchas cosas peligrosas.

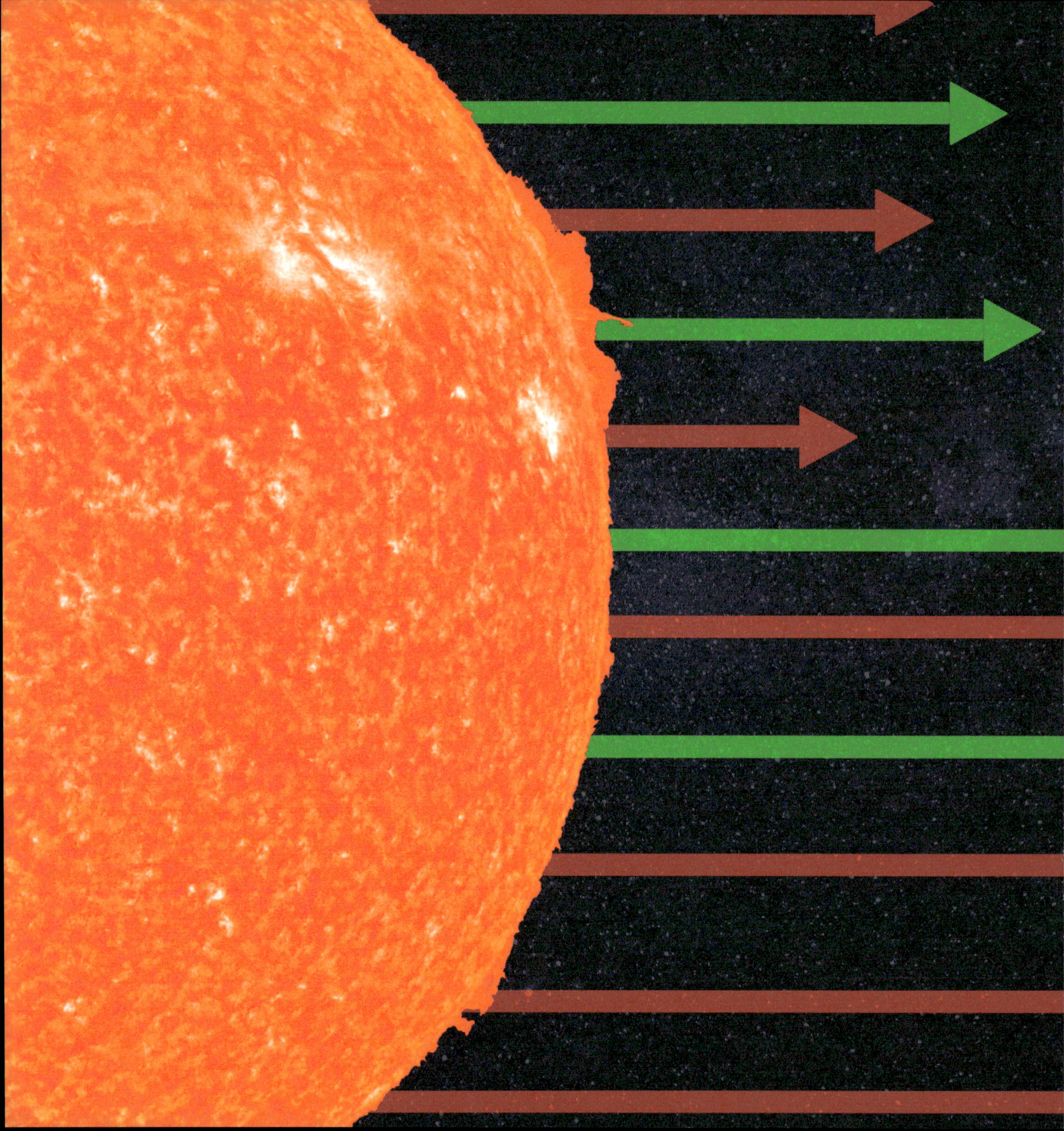

Por ejemplo,
el sol siempre está enviando
diferentes tipos de rayos a la tierra.
Algunos de estos rayos son beneficiosos,
pero otros son muy peligrosos.

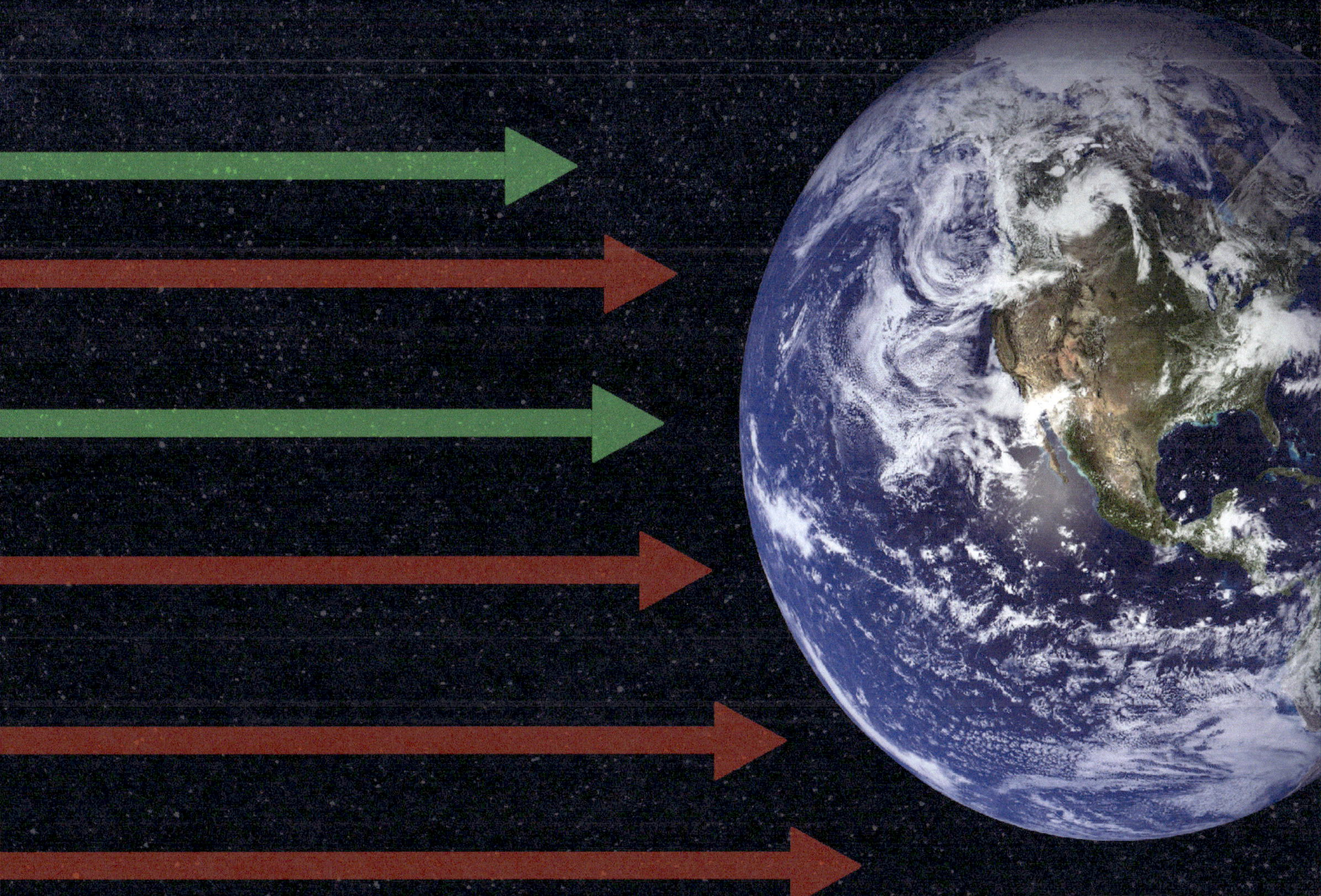

Dios creó
la atmósfera
de una manera tan sabia
que impide que los
rayos dañinos nos alcancen
y permite únicamente el paso
de los rayos beneficiosos.

Pero Dios nos dio la atmósfera
para protegernos, no solo de los rayos
dañinos del sol, sino de algo más.

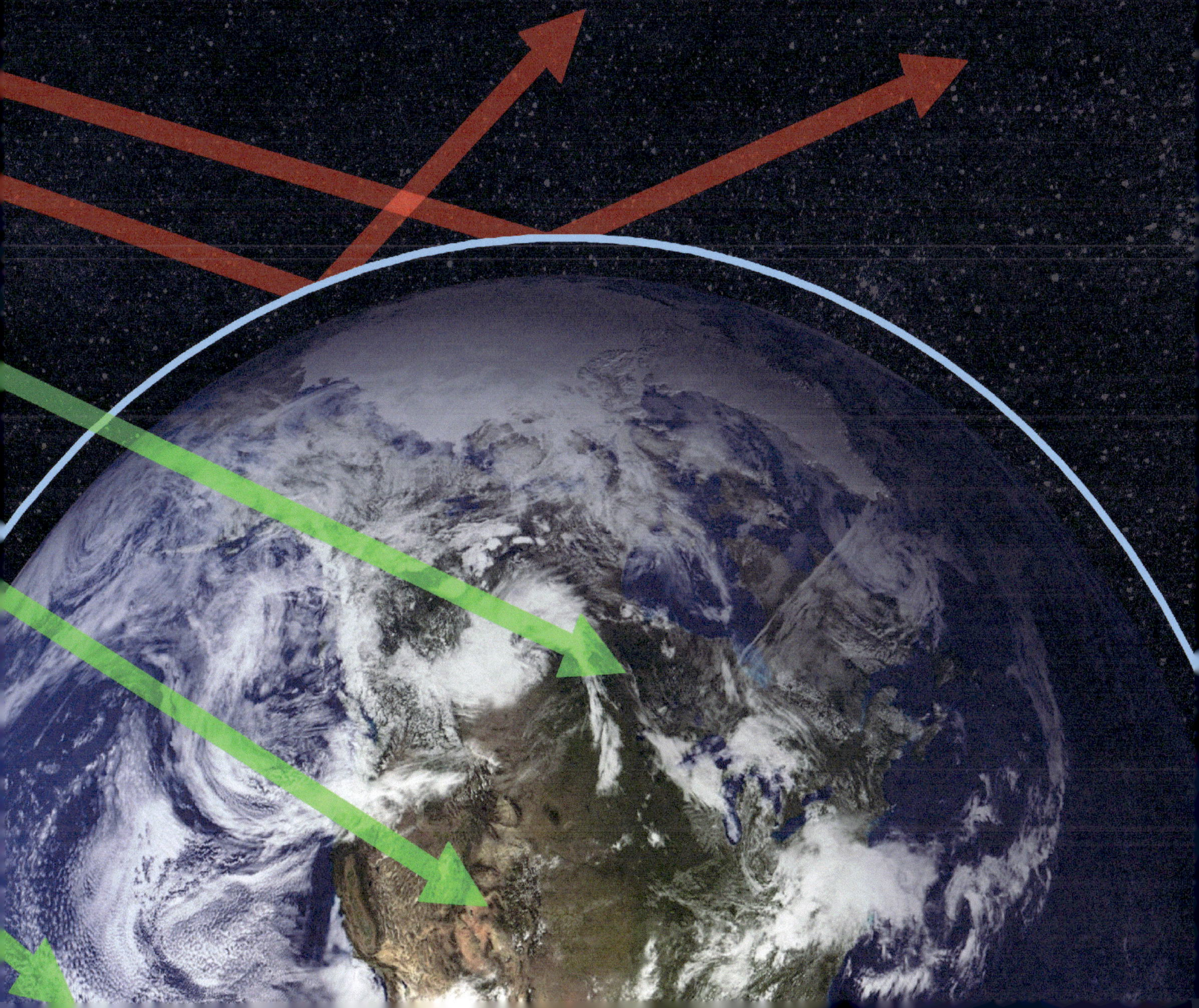

¿Alguna vez has visto
estrellas fugaces que cruzan
el cielo nocturno?

Lo que viste en realidad
no eran para nada estrellas.
¡Eran fragmentos de rocas espaciales
llamadas meteoritos que se dirigían
hacia la tierra a más de

240.000

kilómetros por hora!

Aunque esto sucede más de

25 millones

de veces cada día,

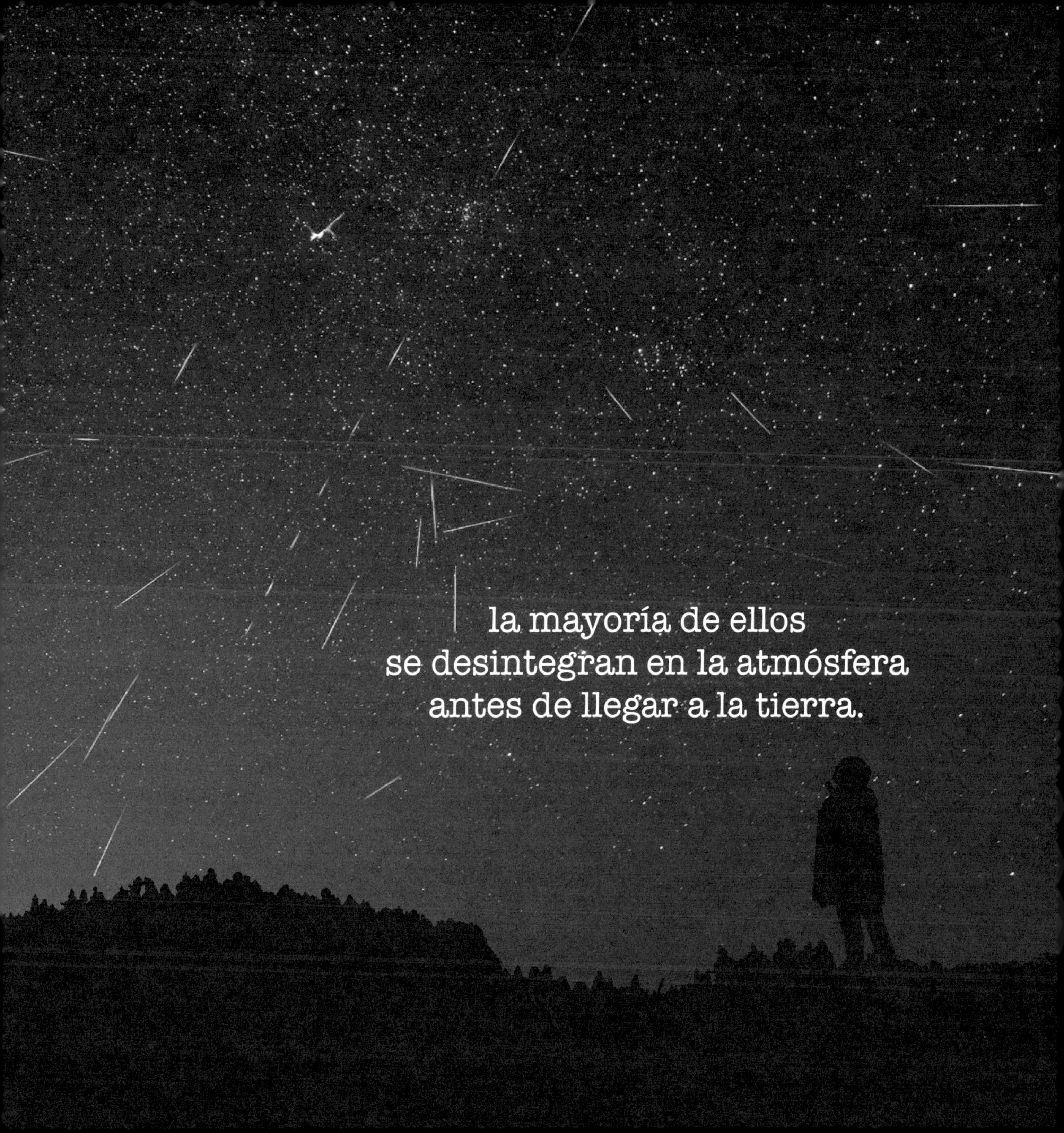

la mayoría de ellos
se desintegran en la atmósfera
antes de llegar a la tierra.

Esta atmósfera tan preciosa
que Dios creó para nosotros
es como un enorme escudo
que nos protege todo el tiempo.

Pero eso no es todo
lo que hace la atmósfera.
También ayuda a que el
agua circule por toda
la tierra.

El agua de los
océanos, lagos
y ríos de la tierra
asciende hacia
la atmósfera
y forma
las nubes.

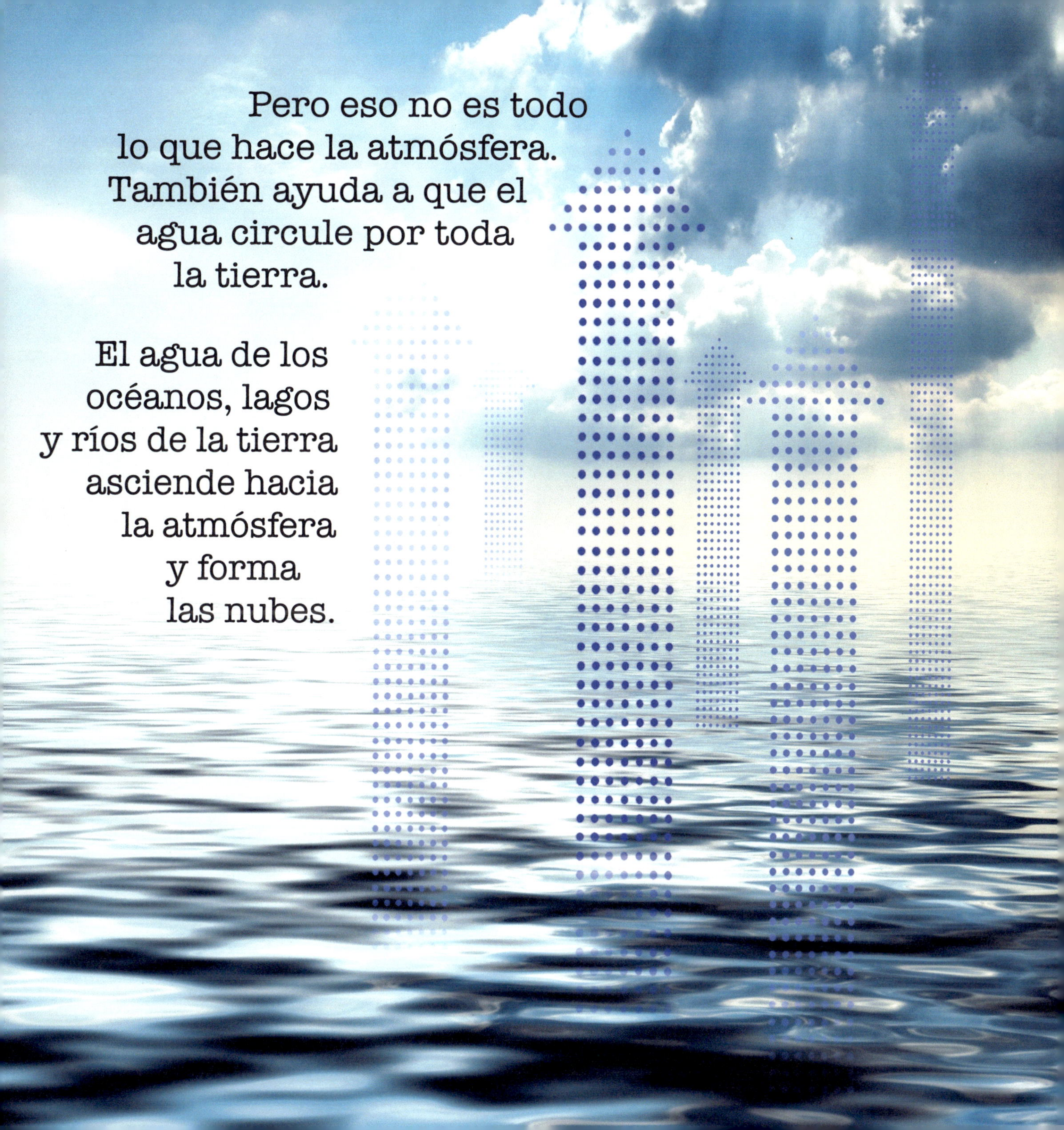

Por medio de este proceso
son eliminadas
la sal y las impurezas del agua.

Luego, el viento
transporta las nubes
en la atmósfera
por todo el mundo.

Cuando el agua en las nubes se vuelve demasiado pesada para flotar en el aire, cae a la tierra en forma de lluvia, nieve, aguanieve o granizo.

Ésta es la maravillosa forma
que Dios tiene de suministrar
agua limpia a las plantas,
animales y personas
en todo el mundo.

Todo esto sucede en
nuestra asombrosa atmósfera.

Ella está diseñada con precisión para ser
justo lo que necesitamos.

Esto nunca podría haber ocurrido por accidente.

¡Dios la creó de una manera perfecta y maravillosa!

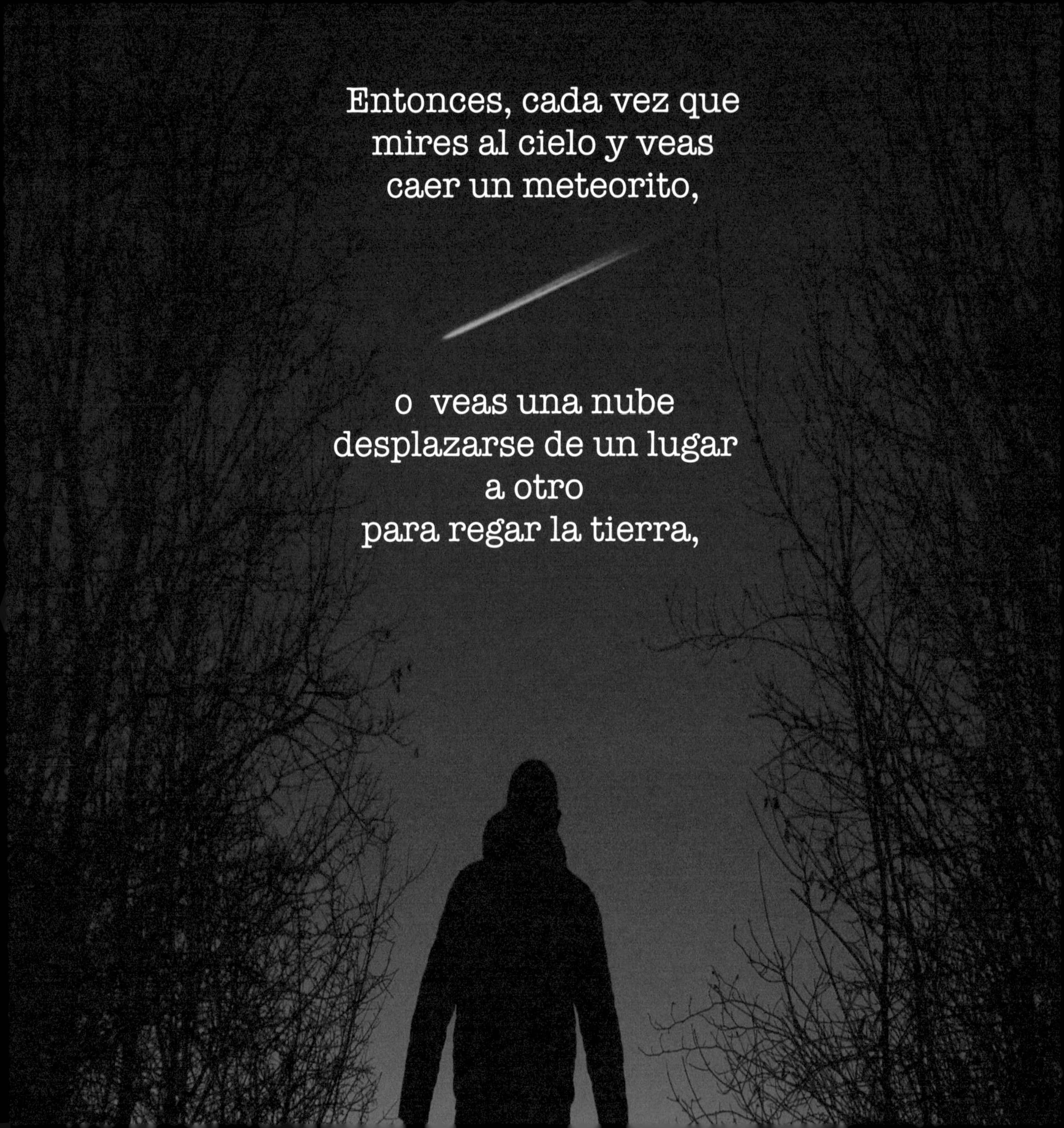

Entonces, cada vez que
mires al cielo y veas
caer un meteorito,

o veas una nube
desplazarse de un lugar
a otro
para regar la tierra,

toma un momento
para agradecer al Señor
por la delgada pero
asombrosa
atmósfera...

que Él creó para nosotros.

E hizo Dios la expansión
y separó las aguas que estaban
debajo de la expansión,
de las aguas que estaban
sobre la expansión.
Y fue así.

Génesis 1:7

Para más libros, vídeos,
canciones y manualidades,
visítenos en línea en:
LaBibliadiceasi.com

La Biblia dice así .com ™

¡Crecemos basados en la Biblia!

Made in the USA
Monee, IL
05 November 2026

67380077R00024